もくじ

啓林館版
わくわく算数
6年　準拠

教科書の内容

ページ

1	対称な図形	1	❶ 線対称	4
		2	❷ 点対称	6
		3	❸ 多角形と,	8
2	文字と式	4	❶ 文字を使った式①	9・10
		5	❶ 文字を使った式② ❷ 式のよみ方	11・12
3	分数×整数、分数÷整数	6		13・14
4	分数×分数	7	❶ 分数をかける計算①	15・16
		8	❶ 分数をかける計算②	17・18
		9	❷ 分数のかけ算を使って	19・20
5	分数÷分数	10	❶ 分数でわる計算①	21・22
		11	❶ 分数でわる計算②	23・24
		12	❷ 割合を表す分数	25・26
6	場合を順序よく整理して	13	❶ 場合の数の調べ方	27・28
		14	❷ いろいろな条件を考えて	29・30
7	円の面積	15		31・32

教科書の内容			ページ
8 立体の体積	**16**		33・34
9 データの整理と活用	**17**	❶ データの整理	35・36
	18	❷ ちらばりのようすを表す表・グラフ①	37・38
	19	❷ ちらばりのようすを表す表・グラフ②	39・40
10 比とその利用	**20**	❶ 比 ❷ 等しい比①	41・42
	21	❷ 等しい比② ❸ 比を使った問題	43・44
11 図形の拡大と縮小	**22**	❶ 拡大図と縮図 ❷ 拡大図と縮図のかき方	45・46
	23	❸ 縮図の利用	47・48
12 比例と反比例	**24**	❶ 比例①	49・50
	25	❶ 比例②	51・52
	26	❷ 比例を使って	53・54
	27	❸ 反比例	55・56
13 およその形と大きさ	**28**	❶ およその形と面積　❷ およその体積 ❸ 単位の間の関係	57・58
6年のまとめ	**29** ～ **34** 力だめし ①～⑥		59～64
答え			65～72

1　対称な図形

❶ 線対称

/100点

1 下の図で、線対称な図形には○、線対称ではない図形には×を
つけましょう。

1つ10〔30点〕

①
（　　　）

②
（　　　）

③
（　　　）

2 右の図は、直線アイを対称の軸と
する線対称な図形です。　　1つ15〔45点〕

① 点Bに対応する点はどれですか。
（　　　　　　　）

② 直線GFに対応する線はどれで
すか。　　（　　　　　　　）

③ 直線ABに対応する線はどれで
すか。　　（　　　　　　　）

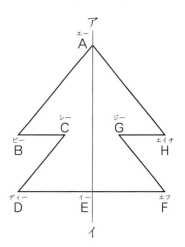

3 直線アイが対称の軸になるよ
うに、線対称な図形をかきまし
ょう。
〔25点〕

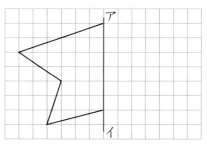

1　対称な図形
❶ 線対称

／100点

 次の図形について、下の問題に答えましょう。　　1つ20〔40点〕

 あ　 い　 う　 え

❶　あ〜えのうち、線対称な図形はどれですか。

（　　　　　　　　）

❷　❶で答えた線対称な図形に対称の軸をすべてかきましょう。

2 右の図は、直線アイを対称の軸と
する線対称な図形です。　1つ15〔60点〕

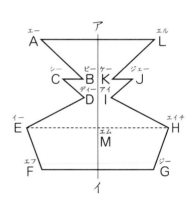

❶　点Bに対応する点はどれですか。

（　　　　　　　　）

❷　直線IH に対応する線はどれで
すか。

（　　　　　　　　）

❸　直線EM と等しい長さの線はどれですか。

（　　　　　　　　）

❹　対称の軸と直線FG は、どのように交わっていますか。

（　　　　　　　　）

答えは
65ページ

月　　日

10分

1　対称な図形
❷　点対称

／100点

1▶ 下の図で、点対称な図形には○、点対称ではない図形には×を
つけましょう。

1つ10〔30点〕

❶　

（　　）

❷　

（　　）

❸　

（　　）

2▶ 右の図は点対称な図形です。

1つ15〔45点〕

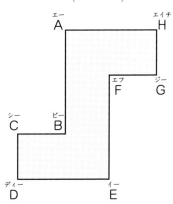

❶　点Aに対応する点はどれですか。

（　　　　　）

❷　直線 AH に対応する線はどれで
すか。

（　　　　　）

❸　直線 CD に対応する線はどれですか。

（　　　　　）

3▶ 点 O が対称の中心になるよ
うに、点対称な図形をかきましょ
う。

〔25点〕

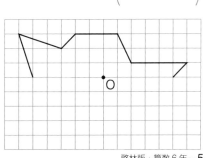

1 対称な図形
❷ 点対称

/100点

1 次の図形について、下の問題に答えましょう。 1つ20〔40点〕

 あ い う  え

❶ あ〜えのうち、点対称（てんたいしょう）な図形はどれですか。

（　　　　　）

❷ ❶で答えた点対称な図形に対称の中心をかきましょう。

2 右の図は、点O（オー）を対称の中心とする点対称な図形です。 1つ12〔60点〕

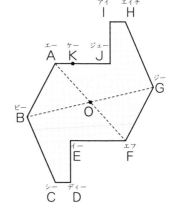

❶ 点Dに対応する点はどれですか。

（　　　　　）

❷ 直線FGに対応する線はどれですか。

（　　　　　）

❸ 直線BOと等しい長さの線はどれですか。

（　　　　　）

❹ 直線FOと等しい長さの線はどれですか。

（　　　　　）

❺ 点Kに対応する点L（エル）をかきましょう。

答えは
65ページ

1 対称な図形
❸ 多角形と対称

／100点

1 下の図の⑤〜⓪は多角形です。

1つ20〔80点〕

⑤　正三角形　　⑥　台形　　⑦　平行四辺形　　⑧　ひし形

⑥　長方形　　⑦　正方形　　⑧　正五角形　　⓪　正六角形

❶ 線対称な図形はどれですか。また、点対称な図形はどれですか。記号でかきましょう。

線対称 （　　　　　　　　　　　）

点対称 （　　　　　　　　　　　）

❷ 線対称な図形で、対称の軸がいちばん多いのはどの図形で、何本ありますか。図形は記号でかきましょう。

図形（　　）　本数（　　　　　）

2 円の説明について、正しいものを、すべて記号でかきましょう。

⑤　線対称な図形です。　　　⑥　点対称な図形です。　〔20点〕

⑦　線対称でも、点対称でもありません。

⑧　対称の軸は何本でもとれます。

⑧　対称の軸は 2 本だけあります。

（　　　　　　　）

かくにん 3

1 対称な図形
❸ 多角形と対称

／100点

1️⃣ 次の図は、正多角形です。対称の軸をすべてかきましょう。

1つ10〔30点〕

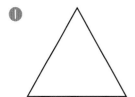
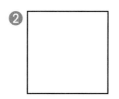
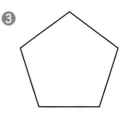

❶　❷　❸

2️⃣ 次の図は、点対称な図形です。対称の中心をかきましょう。

1つ10〔30点〕

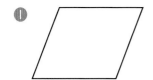

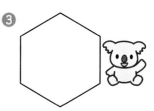

❶　❷　❸

3️⃣ 右の図は、円周を 8 等分したものです。

1つ10〔40点〕

❶　AE を対称の軸とみたとき、点 D に対応する点はどれですか。

（　　　　　）

❷　点 B に対応する点が点 F のときの対称の軸をかきましょう。

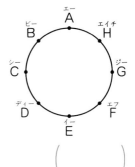

❸　円を点対称な図形とみたとき、点 C に対応する点はどれですか。

（　　　　　）

❹　円を点対称な図形とみたとき、直線 EF に対応する線はどれですか。

（　　　　　）

答えは
65ページ

2　文字と式

❶　文字を使った式 ①

/100点

1 200mL の牛乳がはいったびんが何本かあります。　1つ13[52点]

❶　びんの本数を x 本として、全体の牛乳の量を表す式をかきましょう。

（　　　　　　　　）

❷　びんの本数を x 本、全体の牛乳の量を y mL として、x と y の関係を式に表しましょう。

$$\boxed{} = y$$

❸　x の値を 2、3、4、……としたとき、それぞれに対応する y の値を求めて表にかきましょう。

x(本)	2	3	4	……
y(mL)				……

❹　y の値が 1600 になる x の値を求めましょう。

（　　　　　　　　）

2 1本 25 円のえん筆を x 本買って、500 円玉を 1 枚出すと、おつりが y 円になりました。　1つ16[48点]

❶　x と y の関係を式に表しましょう。

$$\boxed{} = y$$

❷　x の値が 8 になる y の値を求めましょう。

（　　　　　　　　）

❸　y の値が 0 になる x の値を求めましょう。

（　　　　　　　　）

答えは 66ページ

月　　日

⏱10分

2　文字と式
❶ 文字を使った式 ①

／100点

1 　１辺が x cm の正六角形のまわりの長さ
を y cm とします。　　　　　　1つ14〔42点〕

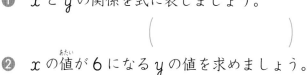

❶　x と y の関係を式に表しましょう。

（　　　　　　　　　　）

❷　x の値が 6 になる y の値を求めましょう。

（　　　　　　　　　　）

❸　まわりの長さが 42 cm になるのは、１辺が何cm のときですか。

（　　　　　　　　　　）

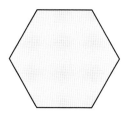

2 　次の x と y の関係を式に表しましょう。　　1つ14〔28点〕

❶　x 円のケーキ 4 個と 180 円のジュース１本の代金は y 円です。

（　　　　　　　　　　）

❷　480 円の本を１冊と、x 円のノートを 6 冊買って 1000円を出したら、おつりが y 円でした。

（　　　　　　　　　　）

3 　135 km の道のりを、時速 x km で走ると y 時間かかります。

1つ15〔30点〕

❶　x と y の関係を式に表しましょう。

（　　　　　　　　　　）

❷　x の値が 45 になる y の値を求めましょう。　（　　　　　　）

答えは
66ページ

2　文字と式

❶ 文字を使った式 ②　❷ 式のよみ方

／100点

1 横の長さが 10cm の長方形があります。　　　1つ10〔40点〕

❶　縦の長さを x cm、面積を y cm² として、x と y の関係を式に表しましょう。

（　　　　　　　）

❷　x の値が 6 になる y の値を求めましょう。

（　　　　　）

❸　y の値が 80 になる x の値を求めましょう。

（　　　　　）

❹　y の値が 45 になる x の値を求めましょう。

（　　　　　）

2 次の❶〜❹の式で表されるのは、下のⓐ〜ⓔのどれですか、記号で答えましょう。　　　　　1つ15〔60点〕

❶　$30 + x = y$　　　　❷　$30 - x = y$

❸　$30 \times x = y$　　　　❹　$30 \div x = y$

ⓐ　30cm のテープを同じ長さずつ x 本に分けます。1 本の長さは y cm です。

ⓘ　おとなが 30 人、子どもが x 人います。全部で y 人います。

ⓤ　色紙が 30 枚あります。x 枚使うと、残りは y 枚です。

ⓔ　1 個 30 円のあめを x 個買うと、代金は y 円です。

❶（　　　　）　❷（　　　　）　❸（　　　　）　❹（　　　　）

月　　　日

2　文字と式

❶ 文字を使った式 ②　**❷** 式のよみ方

／100点

---

1 高さが5cmの台形があります。　　　　　　1つ12〔36点〕

　❶　上底を4cm、下底を x cm、面積を y cm² として、x と y の関係を式に表しましょう。

（　　　　　　　　　）

　❷　x の値が6になる y の値を求めましょう。

（　　　　　　　　　）

　❸　y の値が30になる x の値を求めましょう。

（　　　　　　　　　）

2 次の❶～❹の式で表されるのは、下の㋐～㋑のどれですか、記号で答えましょう。　　　　　　1つ16〔64点〕

　❶　$50 + x \times 4 = y$　　　　❷　$50 - x \times 4 = y$
　❸　$50 \times x + 4 = y$　　　　❹　$(x + 50) \times 4 = y$

㋐　50kmの道のりを、時速 x km で4時間進むと、残りの道のりは y km です。

㋑　50円の切手1枚と x 円の切手4枚の代金は y 円です。

㋒　50枚の紙の束が x 束あり、これに紙を4枚たすと、全部で y 枚になります。

㋓　x 円のノート1冊と50円の消しゴム1個をセットにすると、4セットの代金は y 円です。

---

❶（　　　　）　❷（　　　　）　❸（　　　　）　❹（　　　　）

答えは **66**ページ

3　分数×整数、分数÷整数

／100点

1 ▶ 次の計算をしましょう。　　　　　　　　　　　　　　1つ10〔80点〕

① $\dfrac{1}{5} \times 4$

② $\dfrac{2}{3} \times 2$

③ $\dfrac{5}{9} \times 3$

④ $\dfrac{7}{10} \times 6$

⑤ $\dfrac{1}{4} \div 2$

⑥ $\dfrac{2}{3} \div 5$

⑦ $\dfrac{5}{6} \div 5$

⑧ $\dfrac{16}{13} \div 6$

2 ▶ 1dL で $\dfrac{4}{5}$ m² ぬれるペンキがあります。このペンキ 2dL では、何 m² ぬれますか。　　　　　　　　　　　1つ5〔10点〕

【式】

答え（　　　　　　　　　）

3 ▶ ジュースが $\dfrac{13}{10}$ L あります。このジュースを 3 人で同じ量ずつ分けると、1 人分は何 L になりますか。　　　　　　1つ5〔10点〕

【式】

答え（　　　　　　　　　）

3　分数×整数、分数÷整数

/100点

1 次の計算をしましょう。　　　　　　　　1つ10〔80点〕

① $\dfrac{2}{7} \times 3$

② $\dfrac{2}{5} \times 4$

③ $\dfrac{3}{4} \times 8$

④ $\dfrac{5}{9} \times 6$

⑤ $\dfrac{4}{7} \div 3$

⑥ $\dfrac{6}{11} \div 6$

⑦ $\dfrac{4}{5} \div 8$

⑧ $\dfrac{15}{8} \div 9$

2 花だんに、$1m^2$ あたり $\dfrac{5}{6}$ kg の肥料をまきます。$3m^2$ の花だんでは、肥料は何kg いりますか。　　　　　　1つ5〔10点〕

【式】

答え（　　　　　　　　）

3 牛乳が $\dfrac{7}{8}$ L あります。この牛乳を 4 人で同じ量ずつ分けると、1 人分は何L になりますか。　　　　　　1つ5〔10点〕

【式】

答え（　　　　　　　　）

答えは
66ページ

4　分数×分数

❶ 分数をかける計算 ①

／100点

1 □にあてはまる数をかきましょう。　　　　　　　　1つ6〔12点〕

① $\dfrac{2}{5} \times \dfrac{5}{3} = \dfrac{2 \times \boxed{}}{5 \times \boxed{}} = \boxed{}$

② $4 \times \dfrac{3}{8} = \dfrac{\boxed{} \times 3}{1 \times \boxed{}} = \boxed{}$

2 計算をしましょう。　　　　　　　　　　　　　　1つ8〔64点〕

① $\dfrac{3}{4} \times \dfrac{1}{5}$

② $\dfrac{2}{3} \times \dfrac{4}{7}$

③ $\dfrac{2}{5} \times \dfrac{9}{4}$

④ $\dfrac{5}{6} \times \dfrac{3}{10}$

⑤ $6 \times \dfrac{3}{5}$

⑥ $\dfrac{5}{8} \times 4$

⑦ $2\dfrac{1}{3} \times 1\dfrac{2}{5}$

⑧ $1\dfrac{1}{2} \times \dfrac{4}{9}$

3 1mの値段が120円のリボンがあります。このリボンを $1\dfrac{1}{3}$m買いました。代金は何円ですか。　　　　　1つ12〔24点〕

【式】

答え（　　　　　　　）

かくにん **7**

4　分数×分数

❶ 分数をかける計算 ①

10分

／100点

1 計算をしましょう。

1つ5〔40点〕

① $\dfrac{4}{3} \times \dfrac{2}{5}$

② $\dfrac{5}{2} \times \dfrac{5}{6}$

③ $\dfrac{3}{14} \times \dfrac{7}{4}$

④ $\dfrac{3}{10} \times \dfrac{5}{9}$

⑤ $4 \times \dfrac{7}{9}$

⑥ $\dfrac{11}{6} \times 12$

⑦ $1\dfrac{2}{5} \times 1\dfrac{1}{14}$

⑧ $1\dfrac{5}{12} \times 16$

2 1mの重さが $\dfrac{1}{18}$ kgの銅線があります。この銅線 $\dfrac{6}{7}$ mの重さは何kgですか。

1つ10〔20点〕

【式】

答え（　　　　　　　　）

3 1Lの重さが $2\dfrac{3}{4}$ kgの液体があります。この液体 8Lの重さは何kgですか。

1つ10〔20点〕

【式】

答え（　　　　　　　　）

4 花だんに、1m² あたり $1\dfrac{3}{5}$ kgの肥料をまきます。$3\dfrac{3}{4}$ m² の花だんでは、肥料は何kgいりますか。

1つ10〔20点〕

【式】

答え（　　　　　　　　）

答えは
66ページ

4　分数×分数
❶　分数をかける計算 ②

／100点

1 □にあてはまる数をかきましょう。

1つ8〔16点〕

① $0.6 \times \dfrac{1}{4} = \dfrac{6}{\boxed{}} \times \dfrac{1}{4} = \dfrac{3 \times 1}{\boxed{} \times \boxed{}} = \boxed{}$

② $0.3 \times \dfrac{5}{4} \times 2 = \dfrac{3}{\boxed{}} \times \dfrac{5}{4} \times \dfrac{2}{\boxed{}} = \dfrac{3 \times 5 \times 2}{\boxed{} \times 4 \times \boxed{}} = \boxed{}$

2 計算をしましょう。

1つ9〔72点〕

① $0.8 \times \dfrac{5}{6}$

② $1\dfrac{2}{3} \times 3.5$

③ $\dfrac{2}{9} \times 0.6$

④ $0.4 \times 3\dfrac{1}{2}$

⑤ $\dfrac{1}{4} \times \dfrac{5}{6} \times 2.4$

⑥ $3.5 \times 4 \times \dfrac{3}{7}$

⑦ $\dfrac{5}{14} \times 0.3 \times \dfrac{7}{12}$

⑧ $2.5 \times \dfrac{8}{15} \times 9$

3 次のかけ算の式で、積が 16 より小さくなるのはどれですか。

〔12点〕

㋐ $16 \times \dfrac{9}{8}$　　㋑ $16 \times \dfrac{7}{8}$　　㋒ $16 \times 1\dfrac{3}{8}$　　㋓ $16 \times \dfrac{1}{8}$

$\left(\right)$

4　分数×分数
❶ 分数をかける計算 ②

1 計算をしましょう。

1つ7〔42点〕

① $1.5 \times \dfrac{1}{3}$

② $0.9 \times \dfrac{5}{6}$

③ $1\dfrac{2}{3} \times 0.75$

④ $1\dfrac{1}{9} \times 0.6$

⑤ $0.6 \times 1\dfrac{2}{9}$

⑥ $1.8 \times 4\dfrac{1}{6}$

2 計算をしましょう。

1つ8〔48点〕

① $\dfrac{2}{5} \times \dfrac{3}{4} \times \dfrac{2}{3}$

② $0.2 \times \dfrac{9}{4} \times \dfrac{2}{3}$

③ $0.6 \times \dfrac{3}{8} \times 4$

④ $\dfrac{3}{10} \times 1.25 \times \dfrac{16}{9}$

⑤ $0.9 \times 8 \times \dfrac{7}{6}$

⑥ $3.2 \times \dfrac{5}{12} \times 9$

3 次のかけ算の式を、積の小さい順に並べましょう。

〔10点〕

あ $36 \times \dfrac{2}{3}$　　　　い $36 \times \dfrac{3}{4}$　　　　う $36 \times \dfrac{5}{4}$

え 36×1　　　　お $36 \times \dfrac{7}{6}$

(　　　　　　　　　　)

答えは
67ページ

月　　　日

10分

4　分数×分数
❷ 分数のかけ算を使って

／100点

1 次の図形の面積や体積を求めましょう。　　　1つ7〔28点〕

① 縦 $\frac{5}{6}$ m、横 $\frac{7}{10}$ m の長方形の面積

【式】

答え（　　　　　　）

② 縦 $\frac{6}{7}$ m、横 $\frac{3}{8}$ m、高さ $\frac{7}{9}$ m の直方体の体積

【式】

答え（　　　　　　）

2 （　）の中の単位で表しましょう。　　　1つ6〔24点〕

① $\frac{1}{4}$ 時間　（　　　　分）　② $\frac{5}{6}$ 時間　（　　　　分）

③ 15 秒　（　　　　分）　④ 25 分　（　　　　時間）

3 次の数の逆数を求めましょう。　　　1つ5〔20点〕

① $\frac{2}{9}$（　　）　② $\frac{1}{4}$（　　）　③ 8（　　）　④ 0.2（　　）

4 計算のきまりを使って、くふうして計算しましょう。　　　1つ7〔28点〕

① $\frac{3}{7}+\frac{2}{5}+\frac{4}{7}$　　　　② $\frac{3}{4}\times\frac{7}{8}\times\frac{4}{3}$

③ $\frac{5}{6}\times\frac{1}{3}+\frac{1}{6}\times\frac{5}{6}$　　　　④ $\left(\frac{3}{5}-\frac{3}{7}\right)\times 1\frac{2}{3}$

答えは
67ページ

かくにん 9

4 分数×分数
❷ 分数のかけ算を使って

/100点

1 Ⅰ時間あたり $\frac{4}{5}$ m³ の水が出る水道があります。空の水そうに 50 分間水を入れると、何m³ の水がはいりますか。　　1つ11〔22点〕

【式】

答え（　　　　　　）

2 縦 $2\frac{4}{5}$ cm、横 $\frac{6}{7}$ cm、高さ $3\frac{1}{3}$ cm の直方体の体積は何cm³ですか。　　1つ11〔22点〕

【式】

答え（　　　　　　）

3 次の数の逆数を求めましょう。　　1つ5〔20点〕

① $\frac{6}{13}$（　　　）　　　② $1\frac{2}{3}$（　　　）

③ 1.5（　　　）　　　④ 0.02（　　　）

4 計算のきまりを使って、くふうして計算しましょう。　　1つ9〔36点〕

① $1\frac{2}{3}+\frac{5}{6}-\frac{2}{3}$　　　② $\frac{9}{2}\times\frac{7}{4}\times1\frac{1}{9}$

③ $\frac{3}{5}\times2\frac{1}{6}-\frac{3}{5}\times\frac{1}{6}$　　　④ $2\frac{5}{6}\times\frac{5}{9}+2\frac{5}{6}\times\frac{4}{9}$

答えは 67ページ

 月　　　日

 10分

5　分数÷分数
❶ 分数でわる計算 ①

／100点

1 □にあてはまる数をかきましょう。

1つ8〔16点〕

① $\dfrac{5}{3} \div \dfrac{2}{5} = \dfrac{5}{3} \times \boxed{} = \dfrac{5 \times \boxed{}}{3 \times \boxed{}} = \boxed{}$

② $\dfrac{2}{7} \div 1\dfrac{1}{4} = \dfrac{2}{7} \times \boxed{} = \dfrac{2 \times \boxed{}}{7 \times \boxed{}} = \boxed{}$

2 計算をしましょう。

1つ8〔48点〕

① $\dfrac{4}{7} \div \dfrac{3}{5}$　　　　② $3 \div \dfrac{6}{7}$

③ $\dfrac{3}{2} \div 9$　　　　④ $\dfrac{1}{6} \div 2\dfrac{1}{3}$

⑤ $1\dfrac{1}{5} \div 1\dfrac{1}{4}$　　　　⑥ $2\dfrac{1}{2} \div 3\dfrac{1}{3}$

3 $\dfrac{3}{7}$dL で $\dfrac{1}{3}$m² のかべをぬれるペンキがあります。このペンキ I dL でかべは何m² ぬれますか。

1つ9〔18点〕

【式】

答え（　　　　　　　）

4 長さが $1\dfrac{2}{3}$m で、重さが $\dfrac{5}{12}$kg の銅線があります。この銅線 I m の重さは何kg ですか。

1つ9〔18点〕

【式】

答え（　　　　　　　）

答えは 67ページ

5　分数÷分数

❶ 分数でわる計算 ①

1 計算をしましょう。

1つ6〔48点〕

① $\dfrac{3}{7} \div \dfrac{2}{5}$

② $\dfrac{5}{6} \div \dfrac{1}{5}$

③ $\dfrac{3}{5} \div \dfrac{7}{10}$

④ $\dfrac{4}{7} \div \dfrac{2}{5}$

⑤ $\dfrac{2}{3} \div \dfrac{5}{9}$

⑥ $\dfrac{3}{5} \div \dfrac{9}{10}$

⑦ $1\dfrac{5}{7} \div \dfrac{9}{14}$

⑧ $\dfrac{5}{12} \div 1\dfrac{9}{16}$

2 計算をしましょう。

1つ6〔24点〕

① $6 \div 2\dfrac{1}{4}$

② $3\dfrac{3}{7} \div 8$

③ $3\dfrac{3}{5} \div 4\dfrac{1}{2}$

④ $3\dfrac{1}{3} \div 1\dfrac{2}{3}$

3 長さが $2\dfrac{2}{3}$ m のリボンがあります。このリボンを $\dfrac{2}{9}$ m ずつに

切ると、何本のリボンができますか。

1つ7〔14点〕

【式】

答え（　　　　　　）

4 面積が $20\dfrac{1}{4}$ m² の長方形の花だんがあります。縦の長さは

$3\dfrac{3}{5}$ m です。横の長さは何 m ですか。

1つ7〔14点〕

【式】

答え（　　　　　　）

答えは
67ページ

5　分数÷分数

❶ 分数でわる計算 ②

／100点

1 ▶ □ にあてはまる数をかきましょう。　　1つ10〔20点〕

❶ $\dfrac{3}{7} \div 0.3 = \dfrac{3}{7} \div \dfrac{3}{\boxed{}} = \dfrac{3}{7} \times \dfrac{\boxed{}}{3} = \dfrac{3 \times \boxed{}}{7 \times 3} = \boxed{}$

❷ $9 \times 1.5 \div \dfrac{3}{4} = \dfrac{9}{\boxed{}} \times \dfrac{15}{\boxed{}} \times \dfrac{4}{3}$

$= \dfrac{9 \times 15 \times 4}{\boxed{} \times \boxed{} \times 3} = \boxed{}$

2 ▶ 計算をしましょう。　　1つ10〔40点〕

❶ $0.7 \div \dfrac{4}{5}$

❷ $\dfrac{3}{5} \div \dfrac{4}{7} \div 0.2$

❸ $\dfrac{2}{3} \div 0.4 \times \dfrac{6}{5}$

❹ $0.75 \div \dfrac{3}{5} \div 3$

3 ▶ 次のわり算の式を、商の小さい順に並べましょう。　　〔12点〕

あ $36 \div \dfrac{2}{3}$　　い $36 \div \dfrac{3}{4}$　　う $36 \div 0.8$

え $36 \div 1$　　お $36 \div 1\dfrac{1}{5}$　　（　　　　　　　　　）

4 ▶ 面積が $2.8\,\mathrm{m}^2$、横の長さが $\dfrac{7}{6}\,\mathrm{m}$ の長方形の形をした学級園があります。縦の長さは何mですか。　　1つ14〔28点〕

【式】

答え（　　　　　　　　）

答えは 68ページ

5　分数÷分数
❶ 分数でわる計算 ②

／100点

1 計算をしましょう。

1つ9〔72点〕

❶ $\dfrac{3}{8} \div \dfrac{1}{2} \times 0.4$

❷ $0.8 \div \dfrac{22}{9} \div \dfrac{4}{11}$

❸ $\dfrac{2}{5} \div 0.3 \times \dfrac{9}{4}$

❹ $\dfrac{8}{9} \div \dfrac{9}{5} \times 2.7$

❺ $2.5 \div 3.5 \times 4$

❻ $1.25 \div 0.25 \div \dfrac{3}{4}$

❼ $\dfrac{2}{3} \times \dfrac{8}{9} \times 0.75$

❽ $\dfrac{5}{8} \div \dfrac{5}{18} \div 9$

2 次のわり算の式を、商の小さい順に並べましょう。

〔8点〕

あ $80 \div \dfrac{3}{4}$　　い $80 \div 1\dfrac{2}{5}$　　う $80 \div \dfrac{4}{3}$　　え $80 \div 1$

$\left(\qquad\qquad\right)$

3 2.5kg 入りの砂糖が、9 ふくろあります。この砂糖を $\dfrac{3}{4}$ kg はいる容器に入れかえます。容器は何個あればよいですか。

【式】

1つ10〔20点〕

答え$\left(\qquad\qquad\right)$

5　分数÷分数
❷ 割合を表す分数

／100点

1 □にあてはまる数をかきましょう。　　　　1つ15〔60点〕

① □ m は $\frac{8}{9}$ m の $\frac{3}{4}$ 倍

② □ 円は 300 円の $\frac{4}{5}$ 倍

③ □ kg の $\frac{6}{7}$ は 90kg

④ 100 人は、□ 人の $\frac{5}{12}$

2 東小学校の6年生の人数は126人で、小学校全体の人数の $\frac{2}{9}$ にあたります。小学校全体の人数は何人ですか。　　　　1つ10〔20点〕

【式】

答え（　　　　　　　）

3 赤、青、黄の3本のリボンがあります。青のリボンの長さは赤のリボンの長さの $\frac{1}{3}$ 倍、黄のリボンの長さは青のリボンの長さの $\frac{2}{5}$ 倍です。黄のリボンの長さは赤のリボンの長さの何倍ですか。　　　　1つ10〔20点〕

【式】

答え（　　　　　　　）

5　分数÷分数
❷　割合を表す分数

/100点

1 ☐にあてはまる数をかきましょう。　　　　1つ10〔40点〕

❶ $\dfrac{1}{5}$ L の $\dfrac{15}{2}$ 倍は ☐ L

❷ 6kg は $\dfrac{9}{2}$ kg の ☐ 倍

❸ ☐ m の $\dfrac{5}{12}$ は 60m

❹ 28a は、☐ a の $\dfrac{2}{9}$

2 ページ数が 240 ページの本があります。　　　　1つ10〔20点〕

❶　全ページ数の $\dfrac{1}{6}$ 倍は何ページになりますか。

(　　　　　)

❷　きのう 90 ページ、今日 60 ページ読みました。今日読んだ
ページ数は、きのう読んだページ数の何倍ですか。

(　　　　　)

3 水を水そうの $\dfrac{5}{8}$ のところまで入れると、45L はいりました。
この水そうには全体で何L の水がはいりますか。　　　1つ10〔20点〕

【式】

答え (　　　　　)

4 たくやさんは 800 円持っています。これは、兄が持っている
お金の $\dfrac{4}{9}$ です。兄が持っているお金はいくらですか。　　1つ10〔20点〕

【式】

答え (　　　　　)

答えは
68ページ

6　場合を順序よく整理して
❶ 場合の数の調べ方

／100点

1 ▶ A、B、C、D の 4 つのサッカーチームが、それぞれどのチームとも 1 回ずつあたるように試合をします。試合の組み合わせは、全部で何とおりありますか。　〔20点〕

(　　　　　)

2 ▶ バナナ、メロン、りんご、もものうち、3 つをかごに入れたいと思います。全部で何とおりの入れ方がありますか。　〔20点〕

(　　　　　)

3 ▶ A、B、C、D の 4 人が、リレーで走る順番を考えています。走る順番は、全部で何とおりありますか。　〔20点〕

(　　　　　)

4 ▶ 1 枚のコインを続けて 3 回投げます。　1つ20〔40点〕

❶　表と裏の出方は、全部で何とおりありますか。

(　　　　　)

❷　裏が 2 回出る出方は、何とおりありますか。

(　　　　　)

6　場合を順序よく整理して
❶ 場合の数の調べ方

/100点

1 赤、青、黄、緑、黒の 5 つのボールがあります。このうち、2 つを取るとき、取り方は何とおりありますか。　〔20点〕

（　　　　　）

2 右の図のような旗をつくり、赤、青、黄、緑の 4 色から 3 色を選んでぬり分けるとすると、何とおりの旗ができますか。　〔20点〕

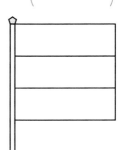

（　　　　　）

3 ⓪、１、２、３の 4 枚のカードがあります。　1つ15〔60点〕

❶　この 4 枚のカードのうち、3 枚を使って 3 けたの整数をつくります。全部で何個できますか。

（　　　　　）

❷　❶でできた 3 けたの整数のうち、奇数は何個ありますか。

（　　　　　）

❸　この 4 枚のカードを全部使って 4 けたの整数をつくります。全部で何個できますか。

（　　　　　）

❹　❸でできた整数のうち、偶数は何個ありますか。

（　　　　　）

答えは **68ページ**

6 場合を順序よく整理して

❷ いろいろな条件を考えて

/100点

1 Ａ市からＢ町をとおって、Ｃ市まで行くのに、右のような乗り物があります。下の表はそれぞれの乗り物のかかる時間と費用です。

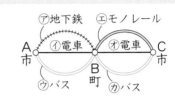

1つ20〔60点〕

Ａ市からＢ町	⑦〔20分 140円〕	⑦〔15分 180円〕	⑦〔25分 160円〕
Ｂ町からＣ市	⑦〔18分 180円〕	⑦〔15分 120円〕	⑦〔20分 140円〕

❶ Ａ市からＢ町をとおってＣ市へ行くのに、何とおりの行き方がありますか。

（　　　　　）

❷ 費用がいちばん安いのは、どんな行き方をしたときですか。

（　　　　　）

❸ いちばん速く行けるのは、どんな行き方をしたときですか。

（　　　　　）

2 クラスで好きなスポーツに手をあげてもらったところ、野球に手をあげた人は21人、サッカーに手をあげた人は23人で、そのうち両方に手をあげた人は6人でした。また、どちらにも手をあげなかった人はいませんでした。

1つ20〔40点〕

❶ 野球だけに手をあげた人は何人ですか。

（　　　　　）

❷ このクラスは、全部で何人いますか。

（　　　　　）

かくにん
14

月　　日

10分

6　場合を順序よく整理して
❷ いろいろな条件を考えて

／100点

1 次のぶどう、なし、メロンの中から、それぞれ１つずつ選んで組み合わせて買います。

1つ20〔60点〕

ぶどう	㋐ 350円	㋑ 400円	㋒ 450円
なし	㋓ 500円	㋔ 550円	㋕ 650円
メロン	㋖ 700円	㋗ 800円	㋘ 900円

❶ 組み合わせは何とおりありますか。

（　　　　）

❷ 代金がいちばん高いのは、どの組み合わせですか。

（　　　　）

❸ 代金が1700円となる組み合わせは、何とおりありますか。

（　　　　）

2 子ども会で、ぶどうがりとなしがりに行く計画を立てました。両方行く人には500円、一方だけに行く人には300円を、子ども会から出すことにしました。参加を申しこんだ人は63人で、そのうち、ぶどうがりは42人、なしがりは38人でした。

1つ20〔40点〕

❶ 両方申しこんだ人は何人ですか。

（　　　　）

❷ 子ども会が出すお金は、全部でいくらですか。

（　　　　）

答えは
68ページ

月　　　日

10分

7　円の面積

／100点

1 次の図形の面積を求めましょう
1つ10〔40点〕

❶
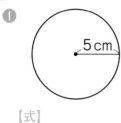
5 cm

【式】

答え（　　　　　　）

❷
8 cm

【式】

答え（　　　　　　）

2 次の図形の面積を求めましょう。
1つ10〔40点〕

❶
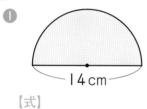
14 cm

【式】

答え（　　　　　　）

❷
6 cm

【式】

答え（　　　　　　）

3 右の図形の色をぬった部分の面積を
求めましょう。
1つ10〔20点〕

【式】

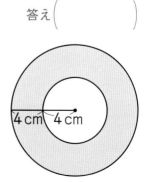
4 cm　4 cm

答え（　　　　　　）

答えは
68ページ

7 円の面積

/100点

1 次の円の面積を求めましょう。 1つ5〔20点〕

❶ 直径 20cm の円

【式】

答え（ 　　　 ）

❷ 円周 12.56cm の円

【式】

答え（ 　　　 ）

2 次の図形の色をぬった部分の面積を求めましょう。 1つ10〔80点〕

❶

2cm

【式】

答え（ 　　　 ）

❷

7cm 7cm
7cm 7cm

【式】

答え（ 　　　 ）

❸

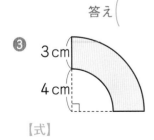

3cm
4cm

【式】

答え（ 　　　 ）

❹

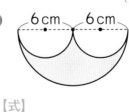

6cm 6cm

【式】

答え（ 　　　 ）

答えは
69ページ

教科書 99〜103 ページ

月　　　日

8　立体の体積

／100点

1 次の図の角柱、円柱の体積を求めましょう。

1つ10〔100点〕

❶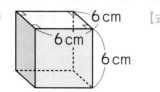
6 cm
6 cm
6 cm

【式】

答え（　　　　　　　）

❷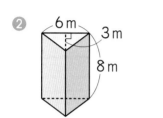
6 m
3 m
8 m

【式】

答え（　　　　　　　）

❸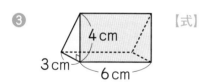
4 cm
3 cm
6 cm

【式】

答え（　　　　　　　）

❹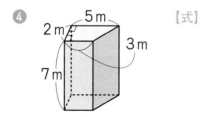
5 m
2 m
3 m
7 m

【式】

答え（　　　　　　　）

❺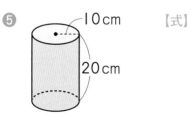
10 cm
20 cm

【式】

答え（　　　　　　　）

答えは
69ページ

かくにん **16**

8　立体の体積

/100点

1▶ 次の図の角柱、円柱の体積を求めましょう。

❶
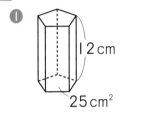
12 cm
25 cm²
【式】

答え（　　　　　）

❷
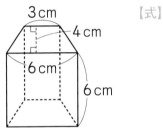
3 cm
4 cm
6 cm
6 cm
【式】

答え（　　　　　）

❸
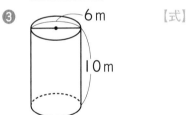
6 m
10 m
【式】

答え（　　　　　）

❹
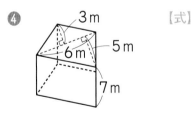
3 m
5 m
6 m
7 m
【式】

答え（　　　　　）

❺
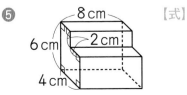
8 cm
6 cm
2 cm
4 cm
【式】

答え（　　　　　）

答えは
69ページ

9　データの整理と活用
❶ データの整理

／100点

1 右の記録は、6年1組のソフトボール投げの結果を表したものです。　　　　　1つ15〔60点〕

❶ 平均値を求めましょう。

（　　　　）

❷ 最大値を求めましょう。

（　　　　）

❸ 最小値を求めましょう。

（　　　　）

❹ ちらばりの範囲を求めましょう。

（　　　　）

ソフトボール投げの記録

番号	きょり (m)	番号	きょり (m)
①	24	⑪	19
②	26	⑫	21
③	21	⑬	24
④	24	⑭	22
⑤	28	⑮	22
⑥	19	⑯	23
⑦	25	⑰	25
⑧	17	⑱	30
⑨	22	⑲	27
⑩	24	⑳	27

2 **1** の記録のちらばりのようすをドットプロットに表しましょう。

〔10点〕

```
15        20        25        30(m)
```

3 **1** の記録について、次の値を求めましょう。　　　　1つ15〔30点〕

❶ 中央値

（　　　　）

❷ 最頻値

（　　　　）

9　データの整理と活用
❶ データの整理

／100点

1 下の図は、6年1組と2組の50m走の記録を数直線を使って表したものです。

1つ10〔100点〕

1組

```
6.0   6.5   7.0   7.5   8.0   8.5   9.0   9.5   10.0(秒)
```

2組

```
6.0   6.5   7.0   7.5   8.0   8.5   9.0   9.5   10.0(秒)
```

❶ 最大値が大きいのは、どちらの組ですか。

（　　　　　　）

❷ 1組と2組のそれぞれで、いちばん速い記録といちばんおそい記録の差はどれだけありますか。

1組（　　　　　）　2組（　　　　　）

❸ ちらばりの範囲が大きいのは、どちらの組ですか。

（　　　　　　）

❹ それぞれの組の平均値を求めましょう。

1組（　　　　　）　2組（　　　　　）

❺ それぞれの組の中央値を求めましょう。

1組（　　　　　）　2組（　　　　　）

❻ それぞれの組の最頻値を求めましょう。

1組（　　　　　）　2組（　　　　　）

答えは
69ページ

9　データの整理と活用
❷ ちらばりのようすを表す表・グラフ ①

/100点

1 下の記録は、ある組の反復横とびの結果です。

1つ10〔100点〕

反復横とびの記録(回)

40	27	42	50	33	47	37	46
56	46	38	46	39	49	29	47

❶ 右の表に、それぞれの階級にはいる人数をかきましょう。

❷ 人数がいちばん多い階級はどこですか。また、その度数を答えましょう。

階級(　　　　　　　)

度数(　　　　　　　)

反復横とびの記録

回数（回）	人数（人）
20 以上〜 30 未満	
30 　〜 40	
40 　〜 50	
50 　〜 60	
合 計	16

❸ 40回以上の人は何人いますか。また、50回未満の人は何人いますか。

(　　　　　) (　　　　　)

❹ 回数が多いほうから数えて 4 番目、11 番目の人は、それぞれどの階級にはいっていますか。

4 番目(　　　　　　　)

11 番目(　　　　　　　)

9　データの整理と活用
❷ ちらばりのようすを表す表・グラフ ①

/100点

1 下の図は、20人で行ったゲームの記録をドットプロットに表したものです。

1つ10〔90点〕

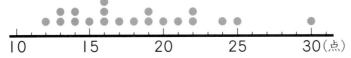

❶ 記録を表に整理しましょう。

❷ 度数がいちばん大きい階級と、その度数を答えましょう。

階級（　　　　　　　　）

度数（　　　　　　　　）

❸ 点数の高いほうから数えて7番目の人は、どの階級にはいっていますか。

（　　　　　　　　）

❹ 20点以上25点未満の人数は、全体の何％ですか。

（　　　　　　　　）

ゲームの記録

点数（点）	人数（人）
10 以上〜 15 未満	
15 　〜 20	
20 　〜 25	
25 　〜 30	
30 　〜 35	
合　計	20

2 **1** の記録のちらばりのようすを、ヒストグラムに表しましょう。　〔10点〕

(人)　ゲームの記録

答えは
69ページ

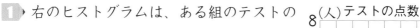

きほん
19

9　データの整理と活用
❷ ちらばりのようすを表す表・グラフ ②

/100点

10分

1 ▶ 右のヒストグラムは、ある組のテストの
点数を表したものです。　1つ10〔40点〕

❶　この組は全部で何人
ですか。　（　　　　　）

❷　人数がいちばん多い
のはどの階級ですか。　（　　　　　）

❸　70点未満の人数は
全体の何％ですか。　（　　　　　）

❹　けんさんの点数は86点です。点数が高いほうから数えて何
番目から何番目まではいりますか。　（　　　　　）

2 ▶ 右のグラフは、ある県の人
口を、男女別、年れい別に表
したものです。　1つ20〔60点〕

❶　人数がいちばん多いのは
どの階級ですか。

（　　　　　）

❷　10才以上20才未満と
0才以上10才未満では、
どちらの人数が多いですか。

（　　　　　）

❸　10才以上50才未満でいちばん人数が少
ないのは、何才以上何才未満の階級ですか。（　　　　　）

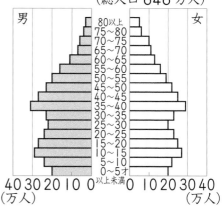

ある県の男女別、年れい別の人口
（総人口646万人）

 月　　　日

10分

9　データの整理と活用
❷ ちらばりのようすを表す表・グラフ ②

／100点

1 次の表は、たけしさんのクラスの人の1日の勉強時間を調べたものです。

1つ20〔60点〕

1日の勉強時間（分）

31	36	20	12	35	55	27	27
15	22	35	41	38	26	47	58
22	40	36	24	29	35	50	19

❶　ヒストグラムに表しましょう。

❷　10分以上20分未満の階級の人数は、全体の何％ですか。

（　　　　　　　）

❸　40分以上の人数は、全体の何％ですか。

（　　　　　　　）

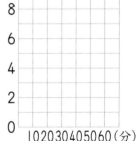

（人）　1日の勉強時間

2 次の表は、1班と2班の人が1か月間に読んだ本の冊数を調べたものです。次の❶、❷のくらべかたでくらべたとき、冊数が多いといえるのは、どちらの班ですか。

1つ20〔40点〕

1班の本の冊数（冊）

6	3	2
4	2	5

2班の本の冊数（冊）

2	3	3
5	3	1

❶　最頻値

（　　　　　　　）

❷　中央値

（　　　　　　　）

答えは
70ページ

月　　日

10分

きほん 20

10　比とその利用
❶ 比
❷ 等しい比 ①

／100点

1 次の比を「：」の記号を使って表しましょう。　1つ6〔12点〕

❶ 2 と 3 の比（　　　　　）　❷ 7m と 5m の比（　　　　　）

2 次の比の値を求めましょう。　1つ8〔32点〕

❶ 3：4 （　　　　）　❷ 6：9 （　　　　）

❸ 30：45 （　　　　）　❹ 5：15 （　　　　）

3 □にあてはまる数をかきましょう。　1つ8〔32点〕

❶ 4：6 = □ : 3　❷ 3：9 = □ : 3

❸ 5：3 = 20 : □　❹ □ : 8 = 9：24

4 右の図のような、A、B、C 3 本のリボンがあります。　1つ8〔24点〕

❶ A の長さと B の長さの比を求めましょう。

（　　　　　　）

エー
A　━━━ 14m ━━━

ビー
B　━━ 9m ━━

シー
C　━ 5m ━

❷ B の長さと C の長さの比を求めましょう。（　　　　　）

❸ ❶の比の値と❷の比の値は、どちらが大きいですか。

（　　　　　）

かくにん
20

10　比とその利用
❶ 比
❷ 等しい比 ①

／100点

1 次の比の<ruby>値<rt>あたい</rt></ruby>を求めましょう。　　　　　　　　　1つ8〔16点〕

❶　6：2　　　（　　　　）　　❷　4：14　　（　　　　）

2 次の比を<ruby>簡単<rt>かんたん</rt></ruby>にしましょう。　　　　　　　　　　1つ8〔32点〕

❶　21：14　　（　　　　）　　❷　18：16　　（　　　　）

❸　85：40　　（　　　　）　　❹　490：700　（　　　　）

3 次の比で、5：3と等しい比になっているものはどれですか。

　あ　20：12　　　　い　8：4　　　　う　9：15　　〔22点〕

　え　18：21　　　　お　25：15　　　か　12：14

　　　　　　　　　　　　　　　　　　　（　　　　）

4 けいたさんの家は、駅と図書館の間にあって、駅までは歩いて
25分、図書館までは歩いて40分かかります。　　1つ15〔30点〕

❶　駅まで歩いてかかる時間と図書館まで歩いてかかる時間の比
を、簡単な整数の比で表しましょう。

　　　　　　　　　　　　　　　　　　　（　　　　）

❷　❶の比の値を求めましょう。

　　　　　　　　　　　　　　　　　　　（　　　　）

答えは
70ページ

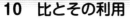

10　比とその利用
❷ 等しい比 ②
❸ 比を使った問題

/100点

1 次の比の値を求めましょう。　　　　　　　　　　　　　1つ5〔20点〕

❶ 0.8 : 4.8 （　　　　）　　❷ 0.7 : 1 （　　　　）

❸ $\dfrac{1}{4} : \dfrac{1}{5}$ （　　　　）　　❹ $\dfrac{2}{3} : \dfrac{5}{9}$ （　　　　）

2 □にあてはまる数をかきましょう。　　　　　　　　　1つ5〔20点〕

❶ 1.2 : 2 = □ : 10　　❷ 0.6 : 1.4 = 3 : □

❸ $\dfrac{4}{7} : \dfrac{2}{7}$ = □ : 1　　❹ $\dfrac{3}{4} : \dfrac{1}{6}$ = 9 : □

3 次の比を簡単にしましょう。　　　　　　　　　　　　1つ5〔20点〕

❶ 3.6 : 2.7 （　　　　）　　❷ 2.4 : 1 （　　　　）

❸ $\dfrac{4}{5} : \dfrac{3}{10}$ （　　　　）　　❹ $\dfrac{5}{6} : 1$ （　　　　）

4 兄と弟のおこづかいの比を 5 : 3 にします。兄のおこづかいを 2000 円とすると、弟のおこづかいはいくらになりますか。

【式】　　　　　　　　　　　　　　　　　　　　　　1つ10〔20点〕

答え（　　　　　　　　）

5 赤と緑の色紙が合わせて 36 枚あります。赤と緑の色紙の枚数の比は 4 : 5 です。緑の色紙の枚数を求めましょう。　　1つ10〔20点〕

【式】

答え（　　　　　　　　）

10　比とその利用
❷ 等しい比 ②
❸ 比を使った問題

／100点

1 次の比を簡単にしましょう。　　　　　　　1つ6〔36点〕

① 2.4 : 0.8 （　　　　　　）　② 4.9 : 2.1 （　　　　　　）

③ 0.25 : 1 （　　　　　　）　④ $\dfrac{1}{3}:\dfrac{1}{4}$ （　　　　　　）

⑤ $\dfrac{3}{5}:\dfrac{1}{9}$ （　　　　　　）　⑥ $2:\dfrac{2}{3}$ （　　　　　　）

2 砂糖と水を 3 : 10 の体積の比になるように混ぜて、砂糖水をつくります。砂糖を 45 mL にすると、水は何 mL いりますか。
【式】　　　　　　　　　　　　　　　　　　　1つ10〔20点〕

答え（　　　　　　　）

3 長さ 3 m のリボンを、えみさんと妹の長さの比が 3 : 2 になるように分けました。えみさんのリボンの長さは何 cm ですか。
【式】　　　　　　　　　　　　　　　　　　　1つ10〔20点〕

答え（　　　　　　　）

4 まなつさんは 12 才です。まなつさんとお母さんの年れいの比は、2 年前は 1 : 4 でした。お母さんは、2 年前何才でしたか。
【式】　　　　　　　　　　　　　　　　　　　1つ12〔24点〕

答え（　　　　　　　）

答えは 70ページ

教科書 141〜149 ページ

月　　日

10分

11　図形の拡大と縮小

❶ 拡大図と縮図

❷ 拡大図と縮図のかき方

╱100点

1️⃣ 下の図で、� の四角形の拡大図、縮図になっているのはどれですか。

1つ20〔40点〕

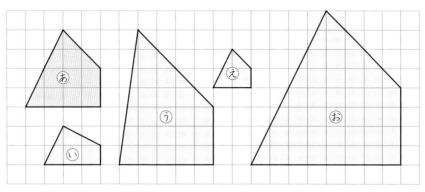

拡大図（　　　　　　　）　縮図（　　　　　　　）

2️⃣ 右の三角形 ABC の 2 倍の拡大図、$\frac{1}{2}$ の縮図を次の方眼紙を使ってかきましょう。

1つ30〔60点〕

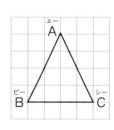

❶　2 倍の拡大図

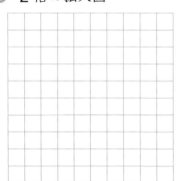

❷　$\frac{1}{2}$ の縮図

11　図形の拡大と縮小

❶ 拡大図と縮図

❷ 拡大図と縮図のかき方

/100点

1 右の三角形 DBE は、三角形 ABC の拡大図です。　1つ20〔60点〕

① 辺 DB の長さは何 cm ですか。

（　　　　　　　）

② 辺 AC の長さは何 cm ですか。

（　　　　　　　）

③ 角 D の大きさは何度ですか。

（　　　　　　　）

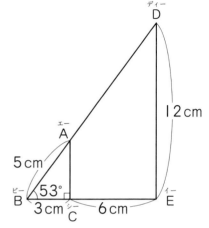

2 次の四角形 ABCD の 2 倍の拡大図と、$\frac{1}{2}$ の縮図をかきましょう。

1つ20〔40点〕

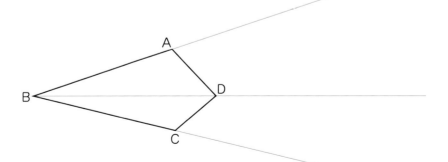

答えは 70ページ

11　図形の拡大と縮小

❸ 縮図の利用

/100点

1 次の地図は何分の１の縮図ですか。分数で表しましょう。

1つ15〔30点〕

❶ 100m を 1cm に縮めてかいた地図

(　　　　　　　　)の縮図

❷ 4km を 2cm に縮めてかいた地図

(　　　　　　　　)の縮図

2 実際のきょりが 6km あるところは、次の縮図の上では、何cm になりますか。

1つ20〔40点〕

❶ $\dfrac{1}{30000}$ の縮図

(　　　　　　　　)

❷ $\dfrac{1}{200000}$ の縮図

(　　　　　　　　)

3 $\dfrac{1}{2000}$ の地図上に台形の土地が あります。その長さをはかったら、 右の図のようになりました。

1つ15〔30点〕

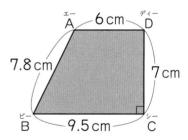

❶ AB の実際の長さは、何m ですか。

(　　　　　　　　)

❷ この土地のまわりの実際の長さは、何m ですか。

(　　　　　　　　)

11 図形の拡大と縮小
❸ 縮図の利用

／100点

1 次の地図は何分の 1 の縮図（しゅくず）ですか。分数で表しましょう。

1つ15〔45点〕

❶ 20km を 5cm に縮（ちぢ）めてかいた地図
（　　　　　　　）の縮図

❷ 10km を 4cm に縮めてかいた地図
（　　　　　　　）の縮図

❸ 50km を 8cm に縮めてかいた地図
（　　　　　　　）の縮図

2 $\dfrac{1}{50000}$ の地図の上で長さをはかると、次のようになりました。実際のきょりは何kmですか。

1つ15〔30点〕

❶ 3cm （　　　　　　　）　❷ 0.4cm （　　　　　　　）

3 下の図は、図書館を真上から見た図です。$\dfrac{1}{2000}$ の縮図をかいて、点 A から点 E までの直線きょりを求めましょう。

〔25点〕

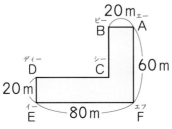

（　　　　　　　）

答えは 71ページ

12　比例と反比例
❶ 比例 ①

／100点

1 下の表で、y が x に比例するものには○、比例しないものには×をつけましょう。

1つ16〔64点〕

❶
x（分）	1	2	3	4	5
y（L）	3	6	9	12	15

（　　　）

❷
x（cm）	2	4	6	8	10
y（cm）	10	15	20	25	30

（　　　）

❸
x（cm）	4	5	8	13	20
y（g）	20	25	40	65	100

（　　　）

❹
x（分）	0.5	1	1.5	2	2.5
y（cm）	1	2	3	4	5

（　　　）

2 平行四辺形の高さをきめておいて、底辺の長さを変えていったときの底辺の長さと面積は、下の表のようになり、比例の関係になります。

1つ6〔36点〕

底辺(cm)	2	3	4	5	6	㋒	8	㋓
面積(cm²)	4	6	㋐	㋑	12	14	16	18

❶　この平行四辺形の高さは何 cm ですか。

（　　　　　）

❷　底辺を x cm、面積を y cm² として、x と y の関係を式に表しましょう。

（　　　　　）

❸　㋐〜㋓にあてはまる数を求めましょう。

㋐（　　　）　㋑（　　　）　㋒（　　　）　㋓（　　　）

12　比例と反比例
❶ 比例 ①

／100点

1　次の 2 つの量が比例するものには○、比例しないものには×
をつけましょう。

1つ10〔40点〕

① 正方形の 1 辺の長さと面積　　　　　（　　　　　）

② 同じ種類の色紙の枚数とその重さ　　（　　　　　）

③ ひし形の 1 辺の長さとまわりの長さ　（　　　　　）

④ 円の半径と面積　　　　　　　　　　（　　　　　）

2　下の表は、直方体の形をしたいれものに入れた水の量 x L と
水の深さ y cm の関係を調べたものです。

1つ10〔60点〕

水の量 x (L)	2	3	5	6	9	㋑	12
水の深さ y (cm)	8	12	20	㋐	36	40	48

① 水の深さ y cm は水の量 x L に比例しますか。

（　　　　　　　　　　）

② x と y の関係を式に表しましょう。（　　　　　　　　）

③ ㋐、㋑にあてはまる数を求めましょう。

㋐（　　　　　）　㋑（　　　　　）

④ はいっている水の量が 16L のとき、水の深さは何 cm ですか。

【式】

答え（　　　　　）

答えは
71ページ

月　日

12　比例と反比例
❶ 比例 ②

／100点

1 水道のじゃ口から 1 分間に 2L ずつ水が出ています。　1つ10[40点]

❶　x 分間に出る水の量を yL として、x と y の関係を式に表しましょう。（　　　　　）

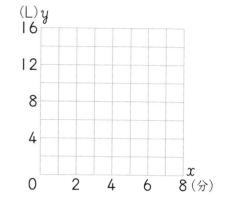

❷　x と y の関係を表すグラフを右の図にかきましょう。

❸　20 分間に出る水の量は何 L ですか。（　　　　　）

❹　15L の水を出すのにかかる時間は何分ですか。（　　　　　）

2 次のグラフは、A さんと B さんが同時に出発して、同じコースを自転車で走った時間 x 分と道のり ym の関係を表したものです。

1つ20[60点]

❶　B さんが 4 分間で走った道のりは何 m ですか。

（　　　　　）

❷　A さんが 1600m 走るのにかかった時間は何分ですか。

（　　　　　）

❸　出発してから 6 分後に、A さんと B さんは何 m はなれていますか。

（　　　　　）

答えは
71ページ

教科書 160〜169 ページ

月　　　日

12　比例と反比例
❶ 比例 ②

／100点

1 右のグラフは、列車の走った時間 x 分と道のり y km の関係を表したものです。　1つ10[30点]

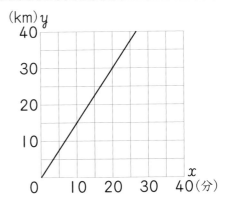

❶ 10 分間で何 km 走りますか。

（　　　　　　）

❷ 30 km 走るのに、何分かかりますか。

（　　　　　　）

❸ このまま同じ速さで走ったとすると、40 分間で何 km 走りますか。

（　　　　　　）

2 右のグラフは、自動車 3 台の使ったガソリン x L と走った道のり y km の関係を表したものです。　1つ10[70点]

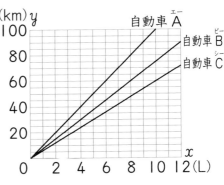

❶ 1 L のガソリンで走る道のりがいちばん長い自動車はどれですか。（　　　　　）

❷ 自動車 A、B、C が 60 km 走るのに必要なガソリンは、何 L ですか。

A（　　　　）　B（　　　　）　C（　　　　）

❸ 自動車 A、B、C が 10 L のガソリンで走る道のりは、それぞれ何 km ですか。

A（　　　　）　B（　　　　）　C（　　　　）

答えは 71ページ

月　　　日

10分

/100点

12　比例と反比例
❷ 比例を使って

1 たまご 2kg の代金は 680 円です。このたまご 5kg の代金は何円ですか。

1つ9〔18点〕

【式】

答え（　　　　　　）

2 同じ種類のくぎがあります。全体の重さは 375g です。同じくぎ 10 本の重さは 25g です。全体のくぎは何本ですか。

1つ9〔18点〕

【式】

答え（　　　　　　）

3 リボンを 3m 買ったら代金が 450 円でした。　　1つ8〔32点〕

❶　このリボン 7m の代金は何円ですか。

【式】

答え（　　　　　　）

❷　990 円では、このリボンが何m 買えますか。

【式】

答え（　　　　　　）

4 20 分間に 16km 進む自動車があります。　　1つ8〔32点〕

❶　この自動車は 1 時間に何km 進みますか。

【式】

答え（　　　　　　）

❷　この自動車は 36km 進むのに何分かかりますか。

【式】

答え（　　　　　　）

12　比例と反比例
❷ 比例を使って

/100点

1 3dL の重さが 285g の油があります。この油 8.5dL の重さ は何 g ですか。

1つ10〔20点〕

【式】

答え（　　　　　　　）

2 同じメダルが何個かあって、全体の重さは 450g です。この メダルの中から 8 個を取り出してその重さをはかったら 30g で した。このメダルは全部で何個ありますか。

1つ10〔20点〕

【式】

答え（　　　　　　　）

3 ねん土で自動車の形をつくり、その重さをはかったら 450g でした。これと同じねん土で 1 辺が 2cm の立方体をつくり、 その重さをはかったら 12g でした。この自動車の体積は何 cm³ ですか。

1つ15〔30点〕

【式】

答え（　　　　　　　）

4 かげの長さは、ものの高さに比例します。校庭 の木のかげの長さをはかったら 4.2m でした。 このとき、垂直に立てた 1m の棒のかげの長さ は 0.6m でした。木の高さは何 m ですか。

1つ15〔30点〕

【式】

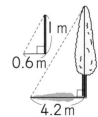

答え（　　　　　　　）

答えは
71ページ

12　比例と反比例
❸ 反比例

／100点

1 下の表は、あるきまった面積の長方形の縦の長さ x cm と横の長さ y cm の関係を表したものです。

1つ12〔60点〕

縦 x（cm）	1	2	3	4	5	6	10	①
横 y（cm）	60	30	20	⑦	12	10	6	5

❶　横の長さ y cm は縦の長さ x cm に反比例しますか。

（　　　　　　　）

❷　x と y の関係を式に表しましょう。（　　　　　　　）

❸　⑦、①にあてはまる数を求めましょう。　⑦（　　　）　①（　　　）

❹　x の値が 1.5 のときの y の値を求めましょう。（　　　　　）

2 下の表は、自動車で A 町から B 町まで行くときの、時速 x km とかかる時間 y 時間の関係を表したものです。

1つ8〔40点〕

時速 x（km）	10	20	30	40	50	60
かかる時間 y（時間）	15	7.5	5	3.75	3	2.5

❶　x の値と、y の値の積は何を表していますか。また、いくつですか。

（　　　　　　、　　　　　　）

❷　x と y の関係を式に表しましょう。（　　　　　　　）

❸　自動車の時速を 25km にすると、A 町から B 町までかかる時間はどれだけになりますか。

【式】

答え（　　　　　）

12　比例と反比例
❸ 反比例

/100点

1 次の 2 つの量が反比例するものには○、反比例しないものには×をつけましょう。

1つ10〔40点〕

❶　時速 4km で歩く人の歩く時間と進む道のり　（　　　）

❷　ろうそくを燃やしたときの時間と残りの長さ　（　　　）

❸　120km の道のりを自動車で行くときの時速とかかる時間　（　　　）

❹　面積が 40cm² の平行四辺形の底辺の長さと高さ　（　　　）

2 直方体の形をした水そうに水を入れます。下の表は、1 分間に入れる水の量 x L と水そうをいっぱいにするのにかかる時間 y 分の関係を表したものです。

1つ10〔60点〕

1分間に入れる水の量 x (L)	2	4	8	10	㋕
かかる時間 y (分)	㋐	㋑	㋒	3.2	2

❶　㋐〜㋔にあてはまる数を求めましょう。

㋐（　　　）　㋑（　　　）　㋒（　　　）　㋔（　　　）

❷　水そうには全部で何 L の水がはいりますか。

（　　　　　）

❸　x と y の関係を式に表しましょう。

（　　　　　）

答えは 71ページ

月　　日

10分

きほん 28

13　およその形と大きさ
❶ およその形と面積　❷ およその体積
❸ 単位の間の関係

／100点

1 右の図は、北海道のおよその形を表したものです。　1つ10〔30点〕

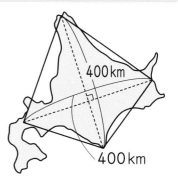

400km

400km

❶　北海道はおよそどんな形とみることができますか。

(　　　　　　　　　　)

❷　北海道のおよその面積を求めましょう。

【式】

答え(　　　　　　　　　　　)

2 右のような形の時計があります。この時計を直方体の形とみて、およその体積を求めましょう。　1つ11〔22点〕

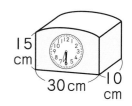

15 cm

30cm

10 cm

【式】

答え(　　　　　　　　　　)

3 □にあてはまる数をかきましょう。　1つ12〔48点〕

❶　2.5kg＝ □ g　　❷　340m＝ □ km

❸　7m²＝ □ cm²　　❹　68dL＝ □ L

答えは
71ページ

月　　日

10分

13　およその形と大きさ
❶ およその形と面積　❷ およその体積
❸ 単位の間の関係

／100点

1 右のような形をした池があります。

1つ10〔40点〕

❶　この池を長方形とみて、およその面積
を求めましょう。

【式】

答え（　　　　　　　　　）

❷　池の深さは、どこも 1.5m あります。池にはいる水の体積
はどれくらいですか。

【式】

答え（　　　　　　　　　）

2 右のようなプランターに土を入れた
いと思います。このプランターを直方
体の形とみると、はいる土の体積はど
れくらいですか。　1つ10〔20点〕

【式】

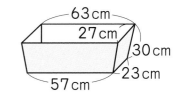

答え（　　　　　　　　　）

3 □にあてはまる数をかきましょう。　1つ10〔40点〕

❶　240cm = □ m

❷　30000m² = □ km²

❸　5ha = □ a

❹　60000cm³ = □ m³

答えは
72ページ

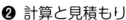

6年のまとめ
力だめし ① ❶ 数と式
　　　　　 ❷ 計算と見積もり

/100点

1 次の5つの数を、小さい順に並べましょう。　　　〔20点〕

$\dfrac{7}{4}$、1.7、$1\dfrac{3}{5}$、1.58、$\dfrac{12}{7}$　　（　　　　　）

2 次の数は、〔　〕内の数を何個集めた数ですか。　1つ5〔20点〕

❶ 6400〔100〕（　　　）　❷ 700000〔1万〕（　　　）

❸ 30.8〔0.1〕（　　　）　❹ 12.06〔0.01〕（　　　）

3 1から70までの整数で、8と12の公約数と公倍数をすべてかきましょう。　　　1つ10〔20点〕

　　　　　公約数（　　　　　）　公倍数（　　　　　）

4 商を四捨五入して、〔　〕内の位まで求めましょう。　1つ10〔20点〕

❶ 25÷6 〔$\dfrac{1}{100}$〕の位　　　　　（　　　　　）

❷ 10.8÷2.3 〔$\dfrac{1}{1000}$〕の位　　　（　　　　　）

5 次のことがらについて、xとyの関係を式に表しましょう。　1つ10〔20点〕

❶ 1個x円のりんご6個を80円のかごに入れたときの合計の代金y円

　　　　　　　　　　　　　（　　　　　）

❷ x kmの道のりを進むのに5時間かかったときの時速$y$km

　　　　　　　　　　　　　（　　　　　）

月　　日

 10分

6年のまとめ
力だめし ②　❶ 数と式
　　　　　　　❷ 計算と見積もり

 /100点

1 計算をしましょう。　　　　　　　　　　　　　1つ5〔40点〕

① 41.6−24.7

② 17.4×0.9

③ $\dfrac{3}{8}+\dfrac{7}{10}$

④ $\dfrac{7}{18}÷\dfrac{14}{27}$

⑤ 28÷7−0.3×6

⑥ 5−0.36×(9−4)

⑦ $\dfrac{5}{8}÷5÷0.6$

⑧ $\dfrac{5}{8}-\left(0.25+\dfrac{1}{6}\right)÷\dfrac{5}{3}$

2 計算のきまりを使って、次の計算をしましょう。　　1つ6〔24点〕

① 4.9+6.3+5.1

② 25×35×4×2

③ 27×8+27×2

④ 9.7×2.6−8.7×2.6

3 次の和や差を、一万の位までの概数(がいすう)で求めましょう。　1つ6〔12点〕

① 459648+83424

② 732673−99542

（　　　　　　　）　　　（　　　　　　　）

4 かけられる数とかける数、わられる数とわる数を上から1けた
の概数にして、積や商を見積もりましょう。
　　　　　　　　　　　　　　　　　　　　　1つ6〔24点〕

① 513×0.28

② 973万×0.63

（　　　　　　　）　　　（　　　　　　　）

③ 4056÷39

④ 92.4÷0.32

（　　　　　　　）　　　（　　　　　　　）

答えは
72ページ

月　　日

6年のまとめ
力だめし ③　❸ 図形と量

/100点

1 次の図で、角⑦の大きさを求めましょう。　　　　　1つ10〔30点〕

❶　三角形

65°　⑦　125°

(　　　　　　)

❷　平行四辺形

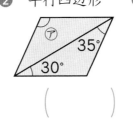

⑦　35°　30°

(　　　　　　)

❸　正方形と二等辺三角形

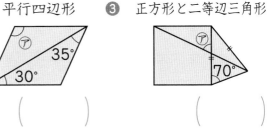

⑦　70°

(　　　　　　)

2 次の図形の面積を求めましょう。　　　　　1つ12〔48点〕

❶　底辺8cm、高さ4.5cmの三角形

(　　　　　　)

❷　上底4cm、下底3cm、高さ8cmの台形

(　　　　　　)

❸　底辺15cm、高さ8cmの平行四辺形

(　　　　　　)

❹　直径10cmの円

(　　　　　　)

3 次の図形の中で線対称な図形はどれですか。また、点対称な図形はどれですか。記号でかきましょう。　　　　　1つ11〔22点〕

⑦ M　イ F　ウ S　エ E　オ H

線対称(　　　　　　)　点対称(　　　　　　)

教科書 218〜220 ページ

月　　日

6年のまとめ
力だめし ④　❸ 図形と量

⏱10分

／100点

1 右の図の三角形 DEF は、三角形 ABC の拡大図です。 1つ15〔30点〕

❶　辺 DE の長さは何cm ですか。

（　　　　　　　）

❷　角 F の大きさは何度ですか。

（　　　　　　　）

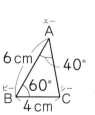

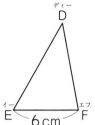

2 右の直方体の展開図を組み立てます。

1つ10〔40点〕

❶　辺アイと重なるのは、
どの辺ですか。

（　　　　　　　）

❷　点セと重なるのは、
どの点ですか。

（　　　　　　　）

❸　◯いの面と平行になる面は、どの面ですか。

（　　　　　　　）

❹　◯えの面と垂直になる面をすべてかきましょう。

（　　　　　　　　　　　　　　　　　）

3 次の角柱と円柱の体積を求めましょう。 1つ15〔30点〕

❶

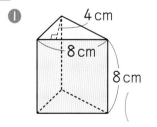

（　　　　　　　）

❷

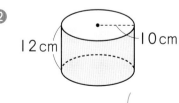

（　　　　　　　）

答えは
72ページ

6 年のまとめ

力だめし ⑤　❹ 変化と関係　❺ データの活用
❻ 問題の見方・考え方

／100点

1 ▶ □ にあてはまる数をかきましょう。　　　　　1つ10〔40点〕

❶　75 m の 40% は □ m　　❷　720 g は 6 kg の □ %

❸　□ 円の 65% は 260 円　❹　4 dL は □ L の 8%

2 ▶ 兄と弟が持っているお金の比は 5：3 で、弟は 1500 円のお金を持っています。　　　　　　　　　　　　　　　1つ5〔30点〕

❶　兄が持っているお金は何円ですか。

【式】

答え（　　　　　　）

❷　兄が持っているお金と、兄弟が持っているお金の合計との比をかき、その比の値を求めましょう。

比（　　　　　　）　　比の値（　　　　　　）

❸　兄が持っているお金は、兄弟が持っているお金の合計の何％ですか。

【式】

答え（　　　　　　）

3 ▶ 50 個のりんごの重さをはかったら 15 kg ありました。1つ10〔30点〕

❶　りんご 1 個の平均の重さは何 g ですか。　（　　　　　　）

❷　りんご 200 個の重さは、何 kg になりますか。（　　　　　　）

❸　このりんごは 90 kg ではおよそ何個になりますか。

（　　　　　　）

かくにん
34

6年のまとめ
力だめし⑥　❹ 変化と関係　❺ データの活用
　　　　　　　❻ 問題の見方・考え方

/100点

1 次の 2 つの量が比例するものは「比」、反比例するものは「反」
とかきましょう。

1つ10〔40点〕

❶　円の半径と円周　　　　　　　　　　　　　（　　　　　）

❷　10km の道のりを走るときの速さとかかる時間　（　　　　　）

❸　面積が 40cm² の平行四辺形の底辺と高さ　（　　　　　）

❹　1cm² の重さが 3g のトタン板の面積と重さ　（　　　　　）

2 30 分で 36km 走る電車があります。この電車が同じ速さで
162km を走るには、何時間何分かかりますか。

1つ7〔14点〕

【式】

答え（　　　　　　　　　）

3 次のことがらをグラフに表すには、どんなグラフがよいですか。
⑦棒グラフ、⑦折れ線グラフ、⑦帯グラフ、⑦円グラフ、⑦ヒス
トグラム　の中から 1 つずつ選びましょう。

1つ10〔30点〕

❶　ある国の人口の年れい別割合　　　　　　（　　　　　）

❷　ある県の年れい別人口のちらばりのようす　（　　　　　）

❸　ある市の月ごとの平均気温の移り変わり　（　　　　　）

4 180g の水に 20g の砂糖を入れて砂糖水をつくりました。こ
れと同じこさの砂糖水を、35g の砂糖を使ってつくるとき、砂
糖水は何 g できますか。

1つ8〔16点〕

【式】

答え（　　　　　　　　　）

答えは
72ページ

答え

1

3・4ページ

1 ❶ ○ ❷ ○ ❸ ×

2 ❶ 点H ❷ 直線CD ❸ 直線AH

3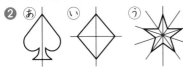

★ ★ ★

1 ❶ あ、い、う

❷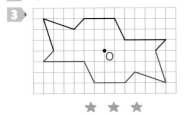

2 ❶ 点K ❷ 直線DE
❸ 直線HM ❹ 垂直に交わっている。

2

5・6ページ

1 ❶ × ❷ × ❸ ○

2 ❶ 点E ❷ 直線ED ❸ 直線GH

3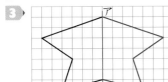

★ ★ ★

1 ❶ い、え

❷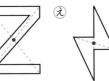

2 ❶ 点I ❷ 直線AB
❸ 直線GO ❹ 直線AO
❺

3

7・8ページ

1 ❶ 線対称　あ、え、お、か、き、く
　　点対称　う、え、お、か、く
❷ 図形く、本数6本

2 あ、い、え

★ ★ ★

1 ❶   ❷   ❸

2 ❶ ❷ ❸

3 ❶ 点F ❷
❸ 点G ❹ 直線AB

4　9・10ページ

1 ① $200×x$　② $200×x$
③ 順に、400、600、800
④ 8

2 ① $500−25×x$　② 300
③ 20

★ ★ ★

1 ① $x×6=y$　② 36　③ 7cm
2 ① $x×4+180=y$
② $1000−(480+x×6)=y$
3 ① $135÷x=y$　② 3

5　11・12ページ

1 ① $x×10=y$　② 60
③ 8　④ 4.5
2 ① ⓘ　② ⓤ　③ ⓔ　④ ⓐ

★ ★ ★

1 ① $(4+x)×5÷2=y$
② 25　③ 8
2 ① ⓘ　② ⓐ　③ ⓤ　④ ⓔ

6　13・14ページ

1 ① $\dfrac{4}{5}$　② $\dfrac{4}{3}\left(1\dfrac{1}{3}\right)$　③ $\dfrac{5}{3}\left(1\dfrac{2}{3}\right)$
④ $\dfrac{21}{5}\left(4\dfrac{1}{5}\right)$　⑤ $\dfrac{1}{8}$　⑥ $\dfrac{2}{15}$
⑦ $\dfrac{1}{6}$　⑧ $\dfrac{8}{39}$

2 $\dfrac{4}{5}×2=\dfrac{8}{5}$　$\dfrac{8}{5}\left(1\dfrac{3}{5}\right)$m²

3 $\dfrac{13}{10}÷3=\dfrac{13}{30}$　$\dfrac{13}{30}$L

★ ★ ★

1 ① $\dfrac{6}{7}$　② $\dfrac{8}{5}\left(1\dfrac{3}{5}\right)$　③ 6
④ $\dfrac{10}{3}\left(3\dfrac{1}{3}\right)$　⑤ $\dfrac{4}{21}$　⑥ $\dfrac{1}{11}$
⑦ $\dfrac{1}{10}$　⑧ $\dfrac{5}{24}$

2 $\dfrac{5}{6}×3=\dfrac{5}{2}$　$\dfrac{5}{2}\left(2\dfrac{1}{2}\right)$kg

3 $\dfrac{7}{8}÷4=\dfrac{7}{32}$　$\dfrac{7}{32}$L

7　15・16ページ

1 ① $\dfrac{2×\boxed{5}}{5×\boxed{3}}=\dfrac{2}{3}$
② $\dfrac{\boxed{4}×3}{\boxed{1}×8}=\dfrac{3}{2}$

2 ① $\dfrac{3}{20}$　② $\dfrac{8}{21}$　③ $\dfrac{9}{10}$　④ $\dfrac{1}{4}$
⑤ $\dfrac{18}{5}\left(3\dfrac{3}{5}\right)$　⑥ $\dfrac{5}{2}\left(2\dfrac{1}{2}\right)$
⑦ $\dfrac{49}{15}\left(3\dfrac{4}{15}\right)$　⑧ $\dfrac{2}{3}$

3 $120×1\dfrac{1}{3}=160$　160円

★ ★ ★

1 ① $\dfrac{8}{15}$　② $\dfrac{25}{12}\left(2\dfrac{1}{12}\right)$　③ $\dfrac{3}{8}$
④ $\dfrac{1}{6}$　⑤ $\dfrac{28}{9}\left(3\dfrac{1}{9}\right)$　⑥ 22
⑦ $\dfrac{3}{2}\left(1\dfrac{1}{2}\right)$　⑧ $\dfrac{68}{3}\left(22\dfrac{2}{3}\right)$

2 $\dfrac{1}{18}×\dfrac{6}{7}=\dfrac{1}{21}$　$\dfrac{1}{21}$kg

3 $2\dfrac{3}{4}×8=22$　22kg

4 $1\dfrac{3}{5}×3\dfrac{3}{4}=6$　6kg

1 ① $\frac{6}{10} \times \frac{1}{4} = \frac{3 \times 1}{5 \times 4} = \frac{3}{20}$

② $\frac{3}{10} \times \frac{5}{4} \times \frac{2}{1}$
$= \frac{3 \times 5 \times 2}{10 \times 4 \times 1} = \frac{3}{4}$

2 ① $\frac{2}{3}$ ② $\frac{35}{6}\left(5\frac{5}{6}\right)$ ③ $\frac{2}{15}$

④ $\frac{7}{5}\left(1\frac{2}{5}\right)$ ⑤ $\frac{1}{2}$ ⑥ 6

⑦ $\frac{1}{16}$ ⑧ 12

3 ⓘ、ⓔ

★ ★ ★

1 ① $\frac{1}{2}$ ② $\frac{3}{4}$ ③ $\frac{5}{4}\left(1\frac{1}{4}\right)$

④ $\frac{2}{3}$ ⑤ $\frac{11}{15}$ ⑥ $\frac{15}{2}\left(7\frac{1}{2}\right)$

2 ① $\frac{1}{5}$ ② $\frac{3}{10}$ ③ $\frac{9}{10}$ ④ $\frac{2}{3}$

⑤ $\frac{42}{5}\left(8\frac{2}{5}\right)$ ⑥ 12

3 ⓐ、ⓘ、ⓔ、ⓞ、ⓤ

1 ① $\frac{5}{6} \times \frac{7}{10} = \frac{7}{12}$ $\frac{7}{12}m^2$

② $\frac{6}{7} \times \frac{3}{8} \times \frac{7}{9} = \frac{1}{4}$ $\frac{1}{4}m^3$

2 ① 15分 ② 50分

③ $\frac{1}{4}$分 ④ $\frac{5}{12}$時間

3 ① $\frac{9}{2}$ ② 4 ③ $\frac{1}{8}$ ④ 5

4 ① $1\frac{2}{5}\left(\frac{7}{5}\right)$ ② $\frac{7}{8}$ ③ $\frac{5}{12}$ ④ $\frac{2}{7}$

★ ★ ★

1 ① $\frac{4}{5} \times \frac{5}{6} = \frac{2}{3}$ $\frac{2}{3}m^3$

2 ① $2\frac{4}{5} \times \frac{6}{7} \times 3\frac{1}{3} = 8$ $8\,cm^3$

3 ① $\frac{13}{6}$ ② $\frac{3}{5}$ ③ $\frac{2}{3}$ ④ 50

4 ① $1\frac{5}{6}\left(\frac{11}{6}\right)$ ② $\frac{35}{4}\left(8\frac{3}{4}\right)$

③ $\frac{6}{5}\left(1\frac{1}{5}\right)$ ④ $2\frac{5}{6}\left(\frac{17}{6}\right)$

1 ① $\frac{5}{3} \times \frac{5}{2} = \frac{5 \times 5}{3 \times 2} = \frac{25}{6}$

② $\frac{2}{7} \times \frac{4}{5} = \frac{2 \times 4}{7 \times 5} = \frac{8}{35}$

2 ① $\frac{20}{21}$ ② $\frac{7}{2}\left(3\frac{1}{2}\right)$ ③ $\frac{1}{6}$

④ $\frac{1}{14}$ ⑤ $\frac{24}{25}$ ⑥ $\frac{3}{4}$

3 $\frac{1}{3} \div \frac{3}{7} = \frac{7}{9}$ $\frac{7}{9}m^2$

4 $\frac{5}{12} \div 1\frac{2}{3} = \frac{1}{4}$ $\frac{1}{4}kg$

★ ★ ★

1 ① $\frac{15}{14}\left(1\frac{1}{14}\right)$ ② $\frac{25}{6}\left(4\frac{1}{6}\right)$

③ $\frac{6}{7}$ ④ $\frac{10}{7}\left(1\frac{3}{7}\right)$ ⑤ $\frac{6}{5}\left(1\frac{1}{5}\right)$

⑥ $\frac{2}{3}$ ⑦ $\frac{8}{3}\left(2\frac{2}{3}\right)$ ⑧ $\frac{4}{15}$

2 ① $\frac{8}{3}\left(2\frac{2}{3}\right)$ ② $\frac{3}{7}$ ③ $\frac{4}{5}$ ④ 2

3 $2\frac{2}{3} \div \frac{2}{9} = 12$ 12本

4 $20\frac{1}{4} \div 3\frac{3}{5} = \frac{45}{8}$ $\frac{45}{8}\left(5\frac{5}{8}\right)m$

11 | 23・24ページ

1 ❶ $\dfrac{3}{7} \div \dfrac{3}{10} = \dfrac{3}{7} \times \dfrac{10}{3}$

$= \dfrac{3 \times 10}{7 \times 3} = \dfrac{10}{7}$

❷ $\dfrac{9}{1} \times \dfrac{15}{10} \times \dfrac{4}{3}$

$= \dfrac{9 \times 15 \times 4}{1 \times 10 \times 3} = 18$

2 ❶ $\dfrac{7}{8}$ ❷ $\dfrac{21}{4}\left(5\dfrac{1}{4}\right)$ ❸ 2 ❹ $\dfrac{5}{12}$

3 ⑤、⑧、③、①、⑤

4 $2.8 \div \dfrac{7}{6} = \dfrac{12}{5}$　　$\dfrac{12}{5}\left(2\dfrac{2}{5}\right)$ m

★　★　★

1 ❶ $\dfrac{3}{10}$ ❷ $\dfrac{9}{10}$ ❸ 3 ❹ $\dfrac{4}{3}\left(1\dfrac{1}{3}\right)$

❺ $\dfrac{20}{7}\left(2\dfrac{6}{7}\right)$ ❻ $\dfrac{20}{3}\left(6\dfrac{2}{3}\right)$

❼ $\dfrac{4}{9}$ ❽ $\dfrac{1}{4}$

2 ①、③、⑧、⑤

3 $2.5 \times 9 \div \dfrac{3}{4} = 30$　　30 個

12 | 25・26ページ

1 ❶ $\dfrac{2}{3}$ ❷ 240 ❸ 105 ❹ 240

2 $126 \div \dfrac{2}{9} = 567$　　567 人

3 $\dfrac{1}{3} \times \dfrac{2}{5} = \dfrac{2}{15}$　　$\dfrac{2}{15}$ 倍

★　★　★

1 ❶ $\dfrac{3}{2}\left(1\dfrac{1}{2}\right)$ ❷ $\dfrac{4}{3}\left(1\dfrac{1}{3}\right)$

❸ 144 ❹ 126

2 ❶ 40 ページ ❷ $\dfrac{2}{3}$ 倍

3 $45 \div \dfrac{5}{8} = 72$　　　　72L

4 $800 \div \dfrac{4}{9} = 1800$　　1800 円

13 | 27・28ページ

1 6 とおり　**2** 4 とおり

3 24 とおり

4 ❶ 8 とおり　❷ 3 とおり

★　★　★

1 10 とおり　**2** 24 とおり

3 ❶ 18 個　❷ 8 個

❸ 18 個　❹ 10 個

14 | 29・30ページ

1 ❶ 9 とおり ❷ ⑦と④ ❸ ①と④

2 ❶ 15 人　❷ 38 人

★　★　★

1 ❶ 27 とおり　❷ ⑨と⑪と⑨

❸ 4 とおり

2 ❶ 17 人　❷ 22300 円

15 | 31・32ページ

1 ❶ $5 \times 5 \times 3.14 = 78.5$　78.5 cm²

❷ $4 \times 4 \times 3.14 = 50.24$　50.24 cm²

2 ❶ $7 \times 7 \times 3.14 \div 2 = 76.93$

76.93 cm²

❷ $6 \times 6 \times 3.14 \div 4 = 28.26$

28.26 cm²

3 $8 \times 8 \times 3.14 - 4 \times 4 \times 3.14$

$= 150.72$　　150.72 cm²

★　★　★

1 ❶ $10×10×3.14=314$　$314cm^2$

❷ $12.56÷3.14÷2=2$
　$2×2×3.14=12.56$
　　　　　$12.56cm^2$

2 ❶ $2×2×3.14÷2=6.28$
　　　　　$6.28cm^2$

❷ $14×14−7×7×3.14$
　$=42.14$　　$42.14cm^2$

❸ $(7×7×3.14−4×4×3.14)÷4$
　$=25.905$　$25.905cm^2$

❹ $6×6×3.14÷2−3×3×3.14$
　$=28.26$　　$28.26cm^2$

16　33・34ページ

1 ❶ $6×6×6=216$　$216cm^3$

❷ $6×3÷2×8=72$　$72m^3$

❸ $3×4÷2×6=36$　$36cm^3$

❹ $(5+3)×2÷2×7=56$　$56m^3$

❺ $10×10×3.14×20=6280$
　　　　　$6280cm^3$

★　★　★

1 ❶ $25×12=300$　$300cm^3$

❷ $(3+6)×4÷2×6=108$
　　　　　$108cm^3$

❸ $3×3×3.14×10=282.6$
　　　　　$282.6m^3$

❹ $(6×5÷2+6×3÷2)×7$
　$=168$　　　　$168m^3$

❺ $(4×6−2×2)×8=160$
　　　　　$160cm^3$

17　35・36ページ

1 ❶ $23.5m$　❷ $30m$

---

❸ $17m$　　❹ $13m$

2

3 ❶ $24m$　❷ $24m$

★　★　★

1 ❶ 1組

❷ 1組…2.9秒、2組…2.8秒

❸ 1組

❹ 1組…8.25秒、2組…8.05秒

❺ 1組…8.1秒、2組…7.85秒

❻ 1組…8.1秒、2組…7.8秒

18　37・38ページ

1 ❶ (上から)2、4、8、2

❷ 階級…40回以上50回未満
　度数…8人

❸ 10人、14人

❹ 4番目…40回以上50回未満
　11番目…30回以上40回未満

★　★　★

1 ❶ (上から)5、8、5、1、1

❷ 階級…15点以上20点未満
　度数…8人

❸ 20点以上25点未満

❹ 25％

2 (人)ゲームの記録

（縦軸 0,2,4,6,8　横軸 10 15 20 25 30 35 (点)）

19

39・40ページ

1. ① 16人 ② 70点以上80点未満
   ③ 25% ④ 2番目から5番目
2. ① 35才以上40才未満
   ② 10才以上20才未満
   ③ 25才以上30才未満

⭐ ⭐ ⭐

1. ① 右図
   ② 12.5%
   ③ 25%
2. ① 2班
   ② 1班

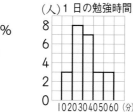

(人)1日の勉強時間

20
41・42ページ

1. ① 2：3 ② 7：5
2. ① $\frac{3}{4}$ ② $\frac{2}{3}$ ③ $\frac{2}{3}$ ④ $\frac{1}{3}$
3. ① 2 ② 1 ③ 12 ④ 3
4. ① 14：9 ② 9：5
   ③ ②の比の値

⭐ ⭐ ⭐

1. ① 3 ② $\frac{2}{7}$
2. ① 3：2 ② 9：8
   ③ 17：8 ④ 7：10
3. ⓐ、ⓞ
4. ① 5：8 ② $\frac{5}{8}$

21
43・44ページ

1. ① $\frac{1}{6}$ ② $\frac{7}{10}$ ③ $\frac{5}{4}$ ④ $\frac{6}{5}$
2. ① 6 ② 7 ③ 2 ④ 2
3. ① 4：3 ② 12：5
   ③ 8：3 ④ 5：6
4. $2000 \times \frac{3}{5} = 1200$　1200円
5. $36 \times \frac{5}{9} = 20$　　　20枚

⭐ ⭐ ⭐

1. ① 3：1 ② 7：3 ③ 1：4
   ④ 4：3 ⑤ 27：5 ⑥ 3：1
2. $45 \times \frac{10}{3} = 150$　　150mL
3. $300 \times \frac{3}{5} = 180$　　180cm
4. $12-2=10$　$10 \times \frac{4}{1} = 40$
   　　　　　　　　　40才

22
45・46ページ

1. 拡大図…ⓞ　縮図…ⓔ
2. ① 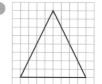 ②

⭐ ⭐ ⭐

1. ① 15cm ② 4cm ③ 37°
2.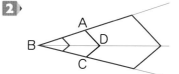

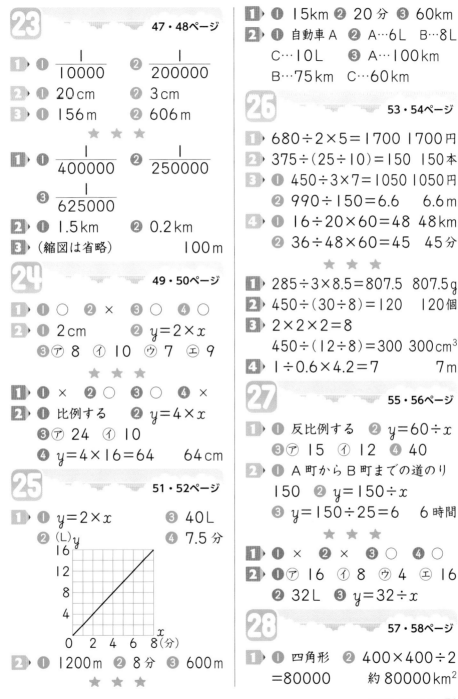

23 — 47・48ページ

1 ① $\dfrac{1}{10000}$ ② $\dfrac{1}{200000}$

2 ① 20cm ② 3cm

3 ① 156m ② 606m

★ ★ ★

1 ① $\dfrac{1}{400000}$ ② $\dfrac{1}{250000}$

③ $\dfrac{1}{625000}$

2 ① 1.5km ② 0.2km

3 （縮図は省略） 100m

24 — 49・50ページ

1 ① ○ ② × ③ ○ ④ ○

2 ① 2cm ② $y=2\times x$

③ ⑦ 8 ④ 10 ⑦ 7 ㋘ 9

★ ★ ★

1 ① × ② ○ ③ ○ ④ ×

2 ① 比例する ② $y=4\times x$

③ ⑦ 24 ④ 10

④ $y=4\times16=64$ 64cm

25 — 51・52ページ

1 ① $y=2\times x$ ③ 40L

② ④ 7.5分

2 ① 1200m ② 8分 ③ 600m

★ ★ ★

1 ① 15km ② 20分 ③ 60km

2 ① 自動車A ② A…6L B…8L

C…10L ③ A…100km

B…75km C…60km

26 — 53・54ページ

1 $680\div2\times5=1700$ 1700円

2 $375\div(25\div10)=150$ 150本

3 ① $450\div3\times7=1050$ 1050円

② $990\div150=6.6$ 6.6m

4 ① $16\div20\times60=48$ 48km

② $36\div48\times60=45$ 45分

★ ★ ★

1 $285\div3\times8.5=807.5$ 807.5g

2 $450\div(30\div8)=120$ 120個

3 $2\times2\times2=8$

$450\div(12\div8)=300$ 300cm^3

4 $1\div0.6\times4.2=7$ 7m

27 — 55・56ページ

1 ① 反比例する ② $y=60\div x$

③ ⑦ 15 ④ 12 ④ 40

2 ① A町からB町までの道のり

150 ② $y=150\div x$

③ $y=150\div25=6$ 6時間

★ ★ ★

1 ① × ② × ③ ○ ④ ○

2 ① ⑦ 16 ④ 8 ⑦ 4 ㋘ 16

② 32L ③ $y=32\div x$

28 — 57・58ページ

1 ① 四角形 ② $400\times400\div2$

$=80000$ 約80000km^2

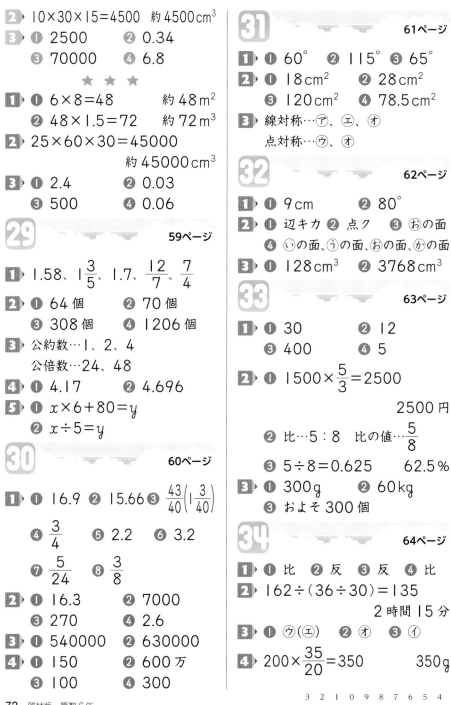

2▶ 10×30×15=4500　約4500cm³
3▶ ❶ 2500　❷ 0.34
　　❸ 70000　❹ 6.8

　　　★　★　★
1▶ ❶ 6×8=48　　　約48m²
　　❷ 48×1.5=72　　約72m³
2▶ 25×60×30=45000
　　　　　　約45000cm³
3▶ ❶ 2.4　❷ 0.03
　　❸ 500　❹ 0.06

29 59ページ
1▶ 1.58、$1\frac{3}{5}$、1.7、$\frac{12}{7}$、$\frac{7}{4}$
2▶ ❶ 64個　❷ 70個
　　❸ 308個　❹ 1206個
3▶ 公約数…1、2、4
　　公倍数…24、48
4▶ ❶ 4.17　❷ 4.696
5▶ ❶ $x×6+80=y$
　　❷ $x÷5=y$

30 60ページ
1▶ ❶ 16.9 ❷ 15.66 ❸ $\frac{43}{40}\left(1\frac{3}{40}\right)$
　　❹ $\frac{3}{4}$　❺ 2.2　❻ 3.2
　　❼ $\frac{5}{24}$　❽ $\frac{3}{8}$
2▶ ❶ 16.3　❷ 7000
　　❸ 270　❹ 2.6
3▶ ❶ 540000　❷ 630000
4▶ ❶ 150　❷ 600万
　　❸ 100　❹ 300

31 61ページ
1▶ ❶ 60°　❷ 115°　❸ 65°
2▶ ❶ 18cm²　❷ 28cm²
　　❸ 120cm²　❹ 78.5cm²
3▶ 線対称…⑦、④、③
　　点対称…⑨、④

32 62ページ
1▶ ❶ 9cm　❷ 80°
2▶ ❶ 辺キカ ❷ 点ク　❸ ⑯の面
　　❹ ⑰の面、⑱の面、⑯の面、⑲の面
3▶ ❶ 128cm³　❷ 3768cm³

33 63ページ
1▶ ❶ 30　❷ 12
　　❸ 400　❹ 5
2▶ ❶ $1500×\frac{5}{3}=2500$
　　　　　　　2500円
　　❷ 比…5:8　比の値…$\frac{5}{8}$
　　❸ 5÷8=0.625　62.5%
3▶ ❶ 300g　❷ 60kg
　　❸ およそ300個

34 64ページ
1▶ ❶ 比 ❷ 反 ❸ 反 ❹ 比
2▶ 162÷(36÷30)=135
　　　　　2時間15分
3▶ ❶ ⑨(エ)　❷ ⑦　❸ ④
4▶ $200×\frac{35}{20}=350$　　350g